간식을
부탁해

누가 해도 맛있는
노오븐 초간단 베이킹

간식을 부탁해

보쿠 지음 · 안은정 옮김

예문사

들어가며

안녕하세요. '보쿠'입니다.
이 책을 선택해주신 독자 여러분, 정말 감사합니다.

인터넷에 일러스트 레시피를 올리기 시작한 것이 2013년 8월경.
그리고 이제 막 8개월이 지났을 뿐인데 …….
벌써 이 레시피가 책으로 출간되었습니다! (와~)

이 책이 만들어진 것은 인터넷을 통해서 많은 분들이
응원해주신 덕분입니다. 진심으로 감사드립니다.

식당에서 파는 요리도 맛있지만,
책에서 소개한 레시피대로 독자 여러분이 직접 만들어보고,
마음이 따뜻해지는 요리를 맛보실 수 있다면
아주 기쁠 것 같습니다.

보쿠

캐릭터 소개

마로

[마시멜로에서 따온 이름]

마시멜로로 만들어진 하얀 수컷 바다표범.
커피 위에 동동 뜨는 것을 좋아한다.
만지면 푹신푹신 말랑말랑하다.

보구

[나]

이 책의 저자인 방울 카스텔라.
방울 카스텔라를 좋아해서 매일 먹었더니
정말로 방울 카스텔라가 되었다.

CONTENTS

1장 – 폭신폭신! 쫄깃쫄깃! 빵

2장 - 와삭와삭! 사르르! 과자

3장 - 산뜻산뜻! 탱글탱글! 디저트

요리하기 전에 읽어보세요!

🎵 계량법

- 액체류 계량법 : 종이컵 표면이 찰랑찰랑할 정도까지 담은 양
- 분말류 계량법 : 큰술(밥숟가락) 가득 재료를 담은 후 표면을 평평하게 깎아낸 양

재료	분량	계량	비고
물	180cc	종이컵 1개	
우유	180cc	종이컵 1개	
설탕	5g	1큰술	
밀가루	5g	1큰술	강력분, 박력분 동일
전분	5~6g	1큰술	
핫케이크가루	4~5g	1큰술	
찹쌀가루	4~5g	1큰술	
베이킹파우더	4~5g	1큰술	
코코아가루	2~3g	1큰술	
인스턴트 블랙커피	2~3g	1큰술	
꿀	14g	1큰술	

4장 — 쫄깃쫄깃! 보들보들! 일본 간식

요리하기 전에 읽어보세요!

계량법

- 액체류 계량법 : 종이컵 표면이 찰랑찰랑할 정도까지 담은 양
- 분말류 계량법 : 큰술(밥숟가락) 가득 재료를 담은 후 표면을 평평하게 깎아낸 양

재료	분량	계량	비고
물	180cc	종이컵 1개	
우유	180cc	종이컵 1개	
설탕	5g	1큰술	
밀가루	5g	1큰술	강력분, 박력분 동일
전분	5~6g	1큰술	
핫케이크가루	4~5g	1큰술	
찹쌀가루	4~5g	1큰술	
베이킹파우더	4~5g	1큰술	
코코아가루	2~3g	1큰술	
인스턴트 블랙커피	2~3g	1큰술	
꿀	14g	1큰술	

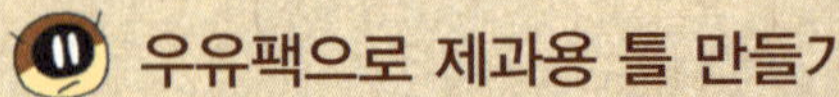
우유팩으로 제과용 틀 만들기

1. 우유팩으로 동그란 틀 만들기 ⇨ 본문 18p

❶ 우유팩 위아래의 접힌 부분을 오려내고 몸체를 4등분한다.

❷ 한 장의 폭을 6㎝로 다듬고 두 장을 스테이플러로 이어 직경 10㎝ 고리 모양을 만들면 완성!

2. 우유팩으로 네모난 틀 만들기 ⇨ 본문 60p, 70p

❶ 우유팩 윗부분을 잘라낸다.

❷ 네 면 중 한쪽 면을 잘라낸다.

❸ 긴 쪽의 두 면에 칼집을 넣어 접어서 박스 형태로 만든다.

❹ 스테이플러로 고정시키면 완성!

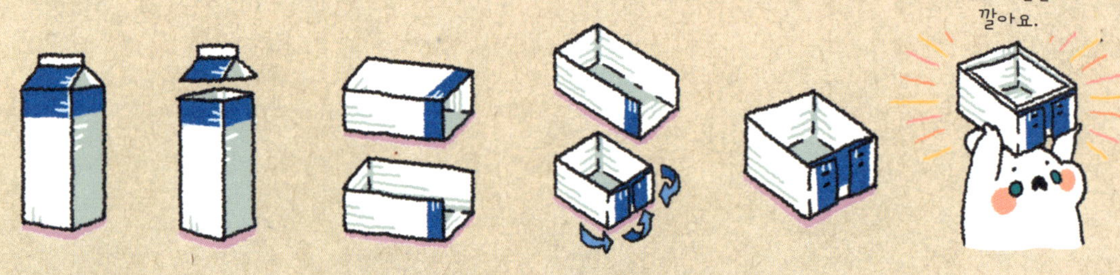

전자레인지 사용 시 주의 사항(이 책은 500W 출력의 전자레인지를 기준으로 한다.)

사용해도 돼요

- 도자기 재질(단, 금박 무늬가 있는 그릇은 사용 금지)
- 내열유리 재질
- 전자레인지용 강화유리
- 종이컵(단, 1회만 사용)
- 플라스틱 용기 중 바닥에 폴리프로필렌(PP), 폴리에틸렌(PE 또는 HDPE) 표기가 되어 있거나 숫자 5가 써진 것

사용하면 안 돼요

- 컵라면, 요구르트 용기로 쓰이는 폴리스티렌(PS) 재질
- 멜라민수지, 페놀수지, 요소수지(식당에서 흔히 쓰는 밥 · 반찬 그릇)
- 일반 유리 재질
- 알루미늄포일(은박지)
- 스테인리스, 금박 무늬가 있는 그릇 등 금속 용기
- 랩(탕수육, 전, 생선구이 등 기름기 많은 음식을 랩으로 싸서 가열할 때)

 밀가루 종류

- 밀가루로 만든 음식이 쫄깃하고 쫀득한 식감이 나는 것은 글루텐 성분 때문이다. 글루텐은 밀, 보리 등에 들어 있는 불용성 단백질이며 물과 반응해 끈끈한 화합물을 만든다.
- 글루텐 함량에 따라 강력분, 중력분, 박력분으로 구분한다.
- 이 책에서는 반드시 강력분이나 박력분을 사용해야 할 경우를 제외하고는 가정에서 사용하는 일반 밀가루(중력분)를 써도 좋다.

[강력분] 식빵, 빵 등 (글루텐 함량 12~14%)
[중력분(일반 밀가루)] 수제비, 칼국수, 만두 등 (글루텐 함량 10~12%)
[박력분] 쿠키, 과자, 핫케이크 등 (글루텐 함량 8~10%)
➡ 박력분이 없을 때 = 중력분(일반 밀가루) 7 : 전분(녹말가루) 1 비율로 섞어서 사용

 베이킹소다와 베이킹파우더의 차이점

베이킹소다	베이킹파우더
열에 반응하여 부풀어 오르므로, 반죽을 숙성시켜서 굽는다.	물과 공기에 반응하여 부풀어 오르므로, 반죽을 만들어 바로 굽는다.
쿠키나 빵을 구울 때 옆으로(횡) 퍼지게 한다.	쿠키나 빵을 구울 때 위로(종) 부풀게 한다.
색이 진한 과자나 빵을 만들고 싶을 때 예) 화과자	무게감과 볼륨감이 적당한 과자와 빵을 만들고 싶을 때 예) 서양과자
※ 베이킹소다 = 베이킹파우더 1/3~1/2 분량	

 종이포일 등 쿠킹시트(Cooking Sheet) 종류

- 빵, 쿠키, 케이크 등이 구운 후에 눌어붙지 않고 잘 떼어지도록 사용한다.
- 제과제빵용 유산지나 쿠킹시트, 종이포일을 사용한다.
- 이 책에서는 안전을 위해 알루미늄포일은 사용하지 않는다.

ⓘ 머랭 만들기

❶ 머랭을 만드는 볼은 물기를 완전히 제거한 깨끗한 것이어야 한다.
물기나 먼지가 약간이라도 묻어 있으면 거품이 잘 나지 않는다.

❷ 볼에 계란 흰자 1개와 소금을 아주 조금 넣고 핸드믹서로 섞는다. 처음에는 핸드믹서를 저속으로 섞다가
크림 상태가 되면 레시피에 제시된 분량의 설탕을 2~3번 나눠서 넣고 고속으로 섞는다.

❸ 볼을 뒤집었을 때에도 떨어지지 않아야 제대로 만들어진 것이다.
볼을 뒤집었을 때 흐르거나 움직이면 핸드믹서로 더 섞는다.

ⓘ 가루젤라틴과 판젤라틴의 차이점

사용량의 차이　가루젤라틴 1작은술(3g) = 판젤라틴 2장(4g)

가루젤라틴 사용법　가루젤라틴 양의 3배의 찬물을 부어 골고루 저어주고 10분간 불린 다음
중탕하거나 전자레인지에 10초간 돌리고 곧바로 재료에 섞어 사용한다.

판젤라틴 사용법　찬물에 넣고 10분간 불리고 손으로 물기를 꽉 짠 다음 중탕하거나 전자레인지에 10초간 돌리고
곧바로 재료에 섞어 사용한다.

ⓘ 젤라틴과 한천, 아가의 차이점

	젤라틴	한천	아가(Agar)
색상	투명감 있는 담황색	백색 불투명	무색 투명
식감	탱글탱글	사각사각 씹히는 식감	부드럽고 촉촉
응고 환경	냉장	상온	상온
여름철의 상온	녹는다	녹지 않는다	녹지 않는다
특징	입 안에서 녹는 식감이 좋다	응고력이 가장 강하다	냉동 보존이 가능하다
사용 제품	젤리, 푸딩, 무스, 바바로아	양갱, 행인두부	젤리, 푸딩, 물양갱
사용량 (액체 100cc 기준)	1~3g	0.5~1g	1~2g
가루 제품 사용법	가루젤라틴은 찬물을 붓고 고루 저어 10분 정도 불린 후 사용한다	가루한천은 2~3배가량 찬물을 넣고 30분 정도 불리거나 바로 사용한다	액체 재료와 섞어 함께 끓여준 뒤 식힌다

안녕하세요! 마로입니다!
이 책에서 셰프를 담당하고 있어요!
안녕하세요! 보쿠입니다!
보쿠 군! 보쿠 군은 언제 요리가 힘들다고 느끼나요?
음 … 글쎄요 …
오븐을 사용해서 만드는 것이랑 …
이 책에서는 오븐을 사용하지 않고 프라이팬과 전자레인지로 만들 수 있게 정리해놨어요!
이스트로 발효시키는 거라든가 …
이스트를 사용하지 않고 만들 수 있는 빵 레시피도 소개하고 있어요!
냠냠
야금야금
구하기 힘든 식재료라든가 …
대체가 가능한 레시피가 많아요! 응용도 쉽고!
부비부비
밀가루
그럼, 간단하게 만들어 맛있게 먹을 수 있는 레시피의 세계로 가볼까요!
와아~!!
※ 주의사항
• 전자레인지 출력은 500W를 기준으로 합니다. 사용 전 전자레인지의 출력을 반드시 확인하세요.
• 가스레인지에 따라 화력이 다를 수 있으므로 프라이팬으로 굽는 레시피는 타지 않게 지켜보세요.
• 레시피에는 표준 분량과 조리 시간을 표시해놓았지만, 모양을 보면서 가감해주세요.

폭신폭신! 쫄깃쫄깃!

인기 최고인 팬케이크와 프렌치토스트부터
베이글과 스콘 등 꾸준히 사랑받는 빵까지
초간단 레시피로 후다닥 만들어 보아요~

팬케이크

제품 광고에서 볼 수 있는 도톰하고 폭신한 핫케이크도
비법만 알면 똑같이 만들 수 있어요!

재료
(2인분)

- 우유 … 100cc
- 레몬즙 … 1작은술
- 계란 … 1개
- 플레인요거트 … 3큰술(45g)
- 핫케이크가루 … 200g

※ 핫케이크가루 200g은
아래 재료로 대체 가능

- 박력분 … 160g
- 전분 … 15g
- 베이킹파우더 … 5g
- 설탕 … 20g

1 우유를 컵에 넣고 전자레인지에 30초 돌려준다.
거기에 레몬즙을 넣어 숟가락으로 잘 저어가며 식힌다.

※ 유청 : 우유가 엉겨서 응고된 뒤 남은 노르스름한 물

2 볼에 ①과 계란, 플레인요거트를 넣고 거품기로 잘 저은 후 핫케이크가루를 붓는다.

3 거품기로 떠 올렸다가 떨어뜨리는 동작을 10~15회 반복하며 살살 젓는다.
프라이팬에 반죽을 올려 약한 불로 3분 정도 굽고, 여기저기 작은 기포가 올라오면 뒤집어 굽는다.

두툼한 팬케이크

우유팩으로 만든 틀을 사용하면 높고 두툼한 팬케이크를 쉽게 만들 수 있어요!

우유팩 틀 만들기

1 우유팩 위아래의 접힌 부분을 오려내고 몸체를 4등분한다.

2 한 장의 높이를 6cm가 되게 자르고 두 장을 스테이플러로 이어
직경 10cm의 고리 모양을 만든다. 간단하게 두 개의 틀이 만들어졌다.

두툼한 팬케이크 만들기

| 재료
(2인분) | • 우유 … 100cc
• 레몬즙 … 1작은술
• 계란 … 1개
• 플레인요거트 … 3큰술(45g)
• 핫케이크가루 … 200g | ※ 핫케이크가루 200g은
아래 재료로 대체 가능
• 박력분 … 160g
• 전분 … 15g
• 베이킹파우더 … 5g
• 설탕 … 20g |

1 16~17p의 만드는 방법을 참고해 팬케이크 반죽을 만든다.
틀 안쪽에 얇게 버터(분량 외)를 바르고 프라이팬에 올려 틀의 2/3 높이로 반죽을 채운다.

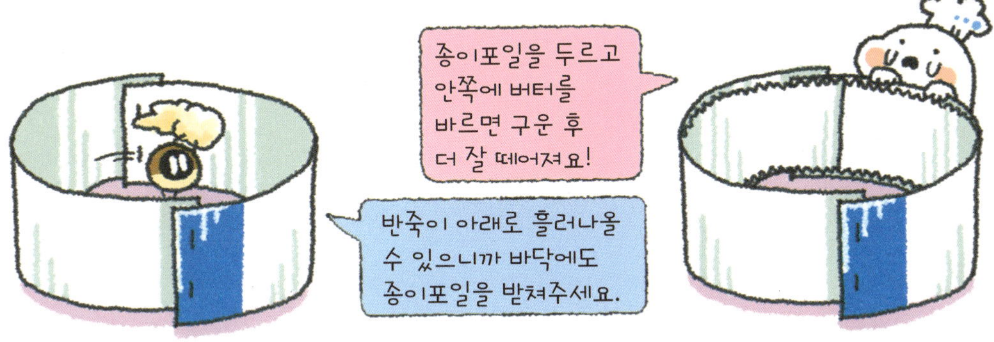

2 프라이팬 뚜껑을 덮고 가장 약한 불로 15분 구운 뒤, 틀을 뒤집는다.
뒤집어서 10~15분 구운 후 젓가락을 꽂았을 때 반죽이 묻어 나오지 않으면 완성!

꾸며꾸며 팬케이크

프렌치토스트

식빵을 계란물에 하룻밤 담가두기만 하면
겉은 바삭하고 속은 푸딩처럼 부드러운 프렌치토스트로 변신!

재료
(2인분)

- 두툼한 식빵 … 2개
  (두께 3cm 정도)
- 버터 … 적당량

A
- 계란 … 2개
- 우유 … 200cc
- 설탕 … 20g
- 바닐라에센스 … 적당량

1 두툼한 식빵 2개를 반으로 잘라서 2조각씩 지퍼백에 넣는다.

2 볼에 A를 넣어 잘 섞은 다음, 반씩 지퍼백에 붓는다. 공기를 빼고 밀폐한 뒤 냉장고에 24시간 둔다.

3 프라이팬에 버터를 넣고 가열한 다음 ②를 넣어 전체적으로 노릇노릇해질 때까지 중간 불로 굽고,
180℃로 예열한 오븐에 10분간 굽는다.

달지 않은
햄치즈 프렌치토스트

❶ 빵 가운데에 칼집을 넣어, 햄과 치즈를 넣는다.
❷ 설탕 대신 소금, 후추로 간을 한 계란물에 담갔다가 굽는다.

바게트로 만드는
캐러멜 바나나 프렌치토스트

이렇게 응용!

❶ 바게트로 프렌치토스트를
  만들어둔다.
❷ 프라이팬에 버터 20g,
  설탕 30g을 넣고 끓여
  캐러멜이 되면, 둥글게 썬
  바나나를 넣는다.
❸ 바나나가 익으면 만든
  바게트 위에 먹기 좋게
  쌓고, 그 위에 생크림을
  듬뿍 얹는다.

여러 가지 빵으로 만드는 프렌치토스트

식빵 외에도 다른 빵으로 만들면 색다른 식감의 프렌치토스트를 맛볼 수 있어요.
여러 가지 빵으로 도전해봐요. 계란물은 앞 페이지 레시피대로 만들어요.

① 건포도 빵

MEMO 식빵 타입이라면 두툼하게 자른 것으로 고른다.
24시간 계란물에 담가두면 건포도가 부드러워져요.

② 베이글

MEMO 가로로 이등분해서 1시간 정도 담가두면 구석구석 계란물이 흡수된다.
계란물에 설탕을 넣지 않고, 베이컨이나 계란스크램블과 함께 먹으면 훌륭한 식사!

③ 잉글리시 머핀

MEMO 그대로 담그는 것보다, 6~9등분하여 담그는 걸 추천.
30분 정도면 구석구석 흡수돼요.

④ 크루아상

MEMO 한 입 크기로 잘라도 되고, 그대로 구워도 되고!
지그시 눌러가면서 계란물에 담가둬요.

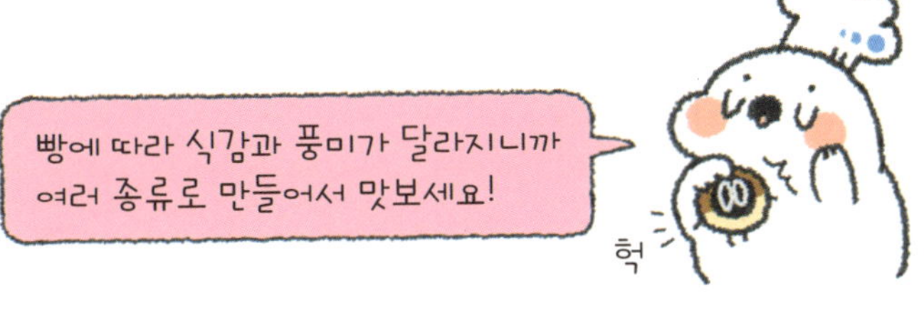

만두빵

먹고 싶을 때 프라이팬에 구워 바로 만드는 초간단 빵!
속재료에 따라서 식사로도, 간식으로도 OK!

재료 (3~4개분)		
A	• 밀가루(강력분도 OK) … 200g • 설탕 … 10~15g • 소금 … 1/3작은술(2g) • 베이킹파우더 … 1과 1/2작은술(6g) • 물 … 120cc	• 넣고 싶은 재료(속재료) … 적당량 • 버터 … 적당량

1 볼에 A를 넣고 가볍게 손으로 저어, 덩어리가 되면 반죽을 랩으로 싸서
실온에서 10분 정도 숙성시킨다.

2 반죽을 3~4등분으로 나누고 평평하게 편 다음, 넣고 싶은 재료를 안에 넣고
만두처럼 둥글게 모양을 만든다.

3 프라이팬에 버터(식용유도 OK)를 넣어 가열한 후 ②를 넣는다.
한 면을 약한 불로 3~4분 굽고 뒤집어서 양면을 굽는다.

커스터드와 팥소

참치마요네즈와 햄버거 패티

우엉볶음과 삶은 단호박

두부베이글

오븐과 이스트 없이도 만들 수 있는
아주 맛있고 쫄깃쫄깃한 베이글! 그 비밀은 … 두부!

재료 (2개분)	A	• 강력분 … 100g • 연두부 … 70~80g • 소금 … 아주 조금 • 베이킹파우더 … 1작은술(4g)	• 꿀 … 1큰술(7g) 또는 설탕 2큰술

1 볼에 A를 모두 넣고, 잘 반죽한다.

2 그림처럼 따라 만든다.

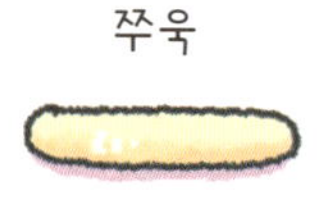

3 프라이팬에 물을 넣고 끓인다. 이때 물은 베이글이 잠길 정도로 한다.
물이 끓으면 꿀이나 설탕을 넣고 약한 불로 줄인 후 베이글을 넣어 한 면에 30초씩 양면을 데친다.

4 프라이팬에 종이포일을 깔고, 데친 베이글을 올리고 뚜껑을 덮은 후
가장 약한 불로 10분, 뒤집어서 7분 굽는다.

입맛 따라 만드는 베이글

- 말린 과일, 화이트초콜릿, 코코아가루 3g
- 홍찻잎 2g
- 완두콩, 깍둑썰기한 치즈
- 크림치즈 30g, 팥소 30g (모양 만들 때 넣는다)

추천! 소스

- 크림치즈 50g, 꿀 10g
- 참치캔 1개(작은 것), 마요네즈 적당량, 다진 양파 1/2개, 소금과 후추 약간

초콜릿 스콘

갓 만들었을 때는 부들부들, 식으면 파삭파삭한 식감.
아침 식사로도, 오후 티타임에도 딱!!

재료 (2인분)	A	• 밀가루(박력분도 OK) … 100g	• 버터(마가린도 OK) 　… 30g
		• 설탕 … 10g	• 우유 … 25cc
		• 베이킹파우더 … 1작은술(4g)	• 초콜릿 … 1/2장(25~30g)
		• 소금 … 조금	

1 볼에 A를 넣어 가볍게 젓는다. 상온에 둔 버터를 넣고, 양 손가락으로 비벼 섞는다.

2 ①에 우유와 잘게 썬 초콜릿을 넣고 저어, 한 덩어리가 되면
반죽을 두께 2cm 정도로 평평하게 펴서 틀로 찍어낸다.

3 프라이팬에 종이포일을 깔고 반죽을 올린 뒤 뚜껑을 덮고 약한 불로 7분 굽는다.
뒤집어서 5분 더 굽는다.

화구에 따라 화력이 다르기 때문에 조절해 가면서 구워주세요!
마지막에 짙은 색이 나면 완성
달그락
슬쩍
갓 만든 빵은 부들부들! 식으면 파사삭!
음! 맛있어!
야금야금
간식 완성
우와 …
툭!
바삭
우와 …

이렇게 응용!
입맛 따라 만드는 스콘
호박에 따라서 수분의 양이 다르니까 우유를 첨가해요!
· 가루녹차 1/2큰술 + 화이트초콜릿 1/2장
· 홍차 티백 2개분(약 4g)
· 삶아서 으깬 단호박 70g + 설탕 5g

바삭한 와플

와플 전용 팬이 없어도 괜찮아요.
바삭바삭, 보들보들한 와플을 집에서 만들어봐요!

재료 (6개분)	A	• 강력분 ⋯ 50g • 박력분(밀가루도 OK) ⋯ 50g • 설탕 ⋯ 5g • 바닐라에센스 ⋯ 적당량 • 우유 ⋯ 25cc • 베이킹파우더 ⋯ 1/2작은술(2g)	• 버터(마가린도 OK) ⋯ 25g • 알갱이가 굵은 설탕 ⋯ 35g

1 볼에 A를 다 넣고 전자레인지로 살짝 녹인 버터를 넣어 대충 섞는다.

2 ①에 알갱이가 굵은 설탕을 첨가해, 한 덩어리가 될 때까지 반죽한다.

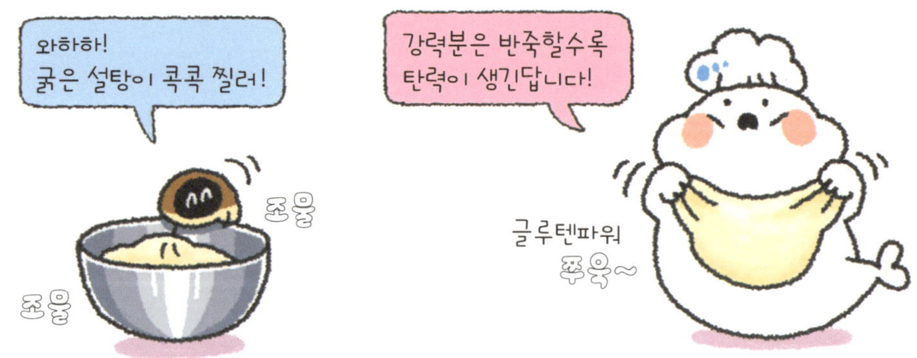

3 프라이팬에 종이포일을 깔고, 반죽을 6등분하여 둥글고 납작한 모양을 만들어서 올린 뒤
뚜껑을 덮어 약한 불로 7분간 굽는다. 뒤집어서 5분 더 굽는다.

가지가지 찐빵

20분이면 만들 수 있는 다양한 맛의 찐빵. 아침 식사로도 딱!

재료
(각 4개분)

▶ **치즈 찐빵**
- 밀가루(박력분도 OK) … 50g
- 베이킹파우더 … 약간 모자란 1작은술(3g)

A
- 우유 … 35cc
- 슬라이스치즈 … 1장 반~2장

B
- 계란 … 1/2개
- 마가린 … 5g

▶ **플레인 찐빵**
- 밀가루(박력분도 OK) … 50g
- 베이킹파우더 … 약간 모자란 1작은술(3g)

A
- 우유 … 35cc

B
- 계란 … 1/2개
- 설탕 … 15g(달게 할 때는 25g)
- 마가린 … 7g

▶ **계란과 기름을 뺀 담백한 찐빵**
- 밀가루(박력분도 OK) … 50g
- 베이킹파우더 … 약간 모자란 1작은술(3g)

A … 우유 … 45cc
B … 설탕 … 15g(달게 할 때는 25g)

1 내열 볼에 A를 넣고 랩을 씌워 전자레인지에 30초 돌린다. B를 넣어 잘 섞는다.
치즈 반죽의 경우, 치즈를 잘 녹이고 B를 넣는다.

2 밀가루, 베이킹파우더를 넣고 섞은 후 1회용 알루미늄 컵, 실리콘 컵, 작은 머그컵 등에
7~8부까지 반죽을 채운다.

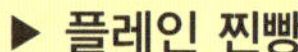

3 프라이팬에 1cm 정도 물을 넣고 끓인 다음, 반죽을 채운 컵②를 가지런히 넣는다.
뚜껑을 덮고 가장 약한 불로 10~12분 익힌다.

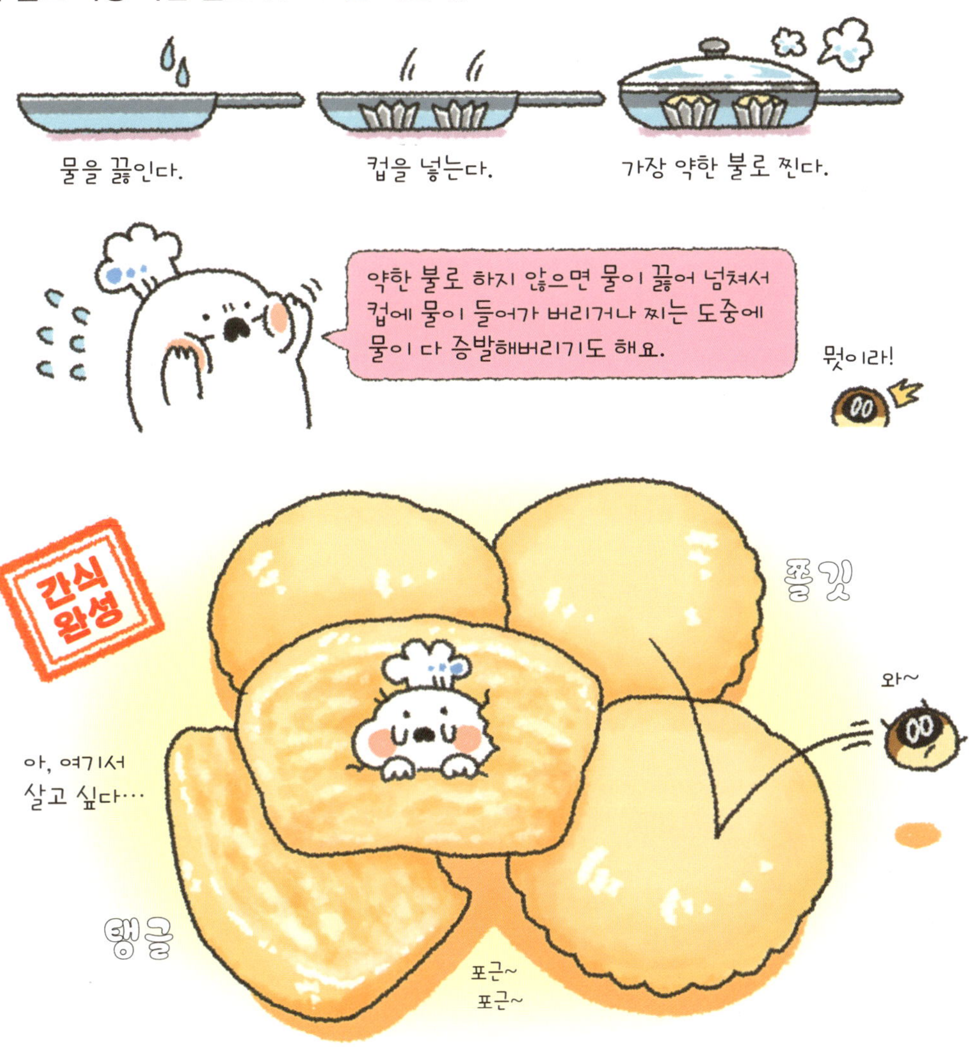

프라이팬 피자

간단하게 만들 수 있으니까 이제 배달시킬 필요 No!
여러 가지 재료로 푸짐하게 구워서 다 함께 피자 파티!

재료(직경 약 18cm 1장분)

A
- 강력분 … 100g
- 베이킹파우더 … 약간 모자란 1작은술(3g)
- 소금 … 한 꼬집
- 물 … 50~60cc

- 넣고 싶은 재료(피자치즈, 비엔나소시지, 피망 등) … 적당량
- 토마토소스(시판용) … 적당량

1 볼에 A를 넣어 잘 섞고, 랩을 씌워 10분 정도 숙성시킨다.

2 종이포일을 20×20cm로 자른다. 그 위에 ①반죽을 놓고 납작하고 둥글게 만든다.
얇고 둥글게 모양이 만들어지면 포크로 몇 번 찍어 구멍을 낸다.

3 ②를 종이포일째 프라이팬에 올린다. 반죽 위에 토마토소스와 토핑(넣고 싶은 재료)을 올리고, 뚜껑을 덮어 약한 불에서 10분 정도 익힌다.

달콤한 빵 소스

노릇노릇 구운 식빵에 듬뿍 발라 먹으면 행복해지는 커스터드크림과 밀크잼!

❶ 커스터드크림

재료(3~4인분)　•밀가루 … 20g　•설탕 … 30g　•계란 … 1개　•우유 … 200cc

1 볼에 밀가루, 설탕, 계란을 넣고 잘 섞는다.
전자레인지에 30초 돌려 데운 우유를 두세 번에 나눠 부으며 젓는다.

2 ①을 냄비에 옮겨, 약한 불로 타지 않도록 주의하며 저어 만든다.
알맞은 농도가 되면 완성!

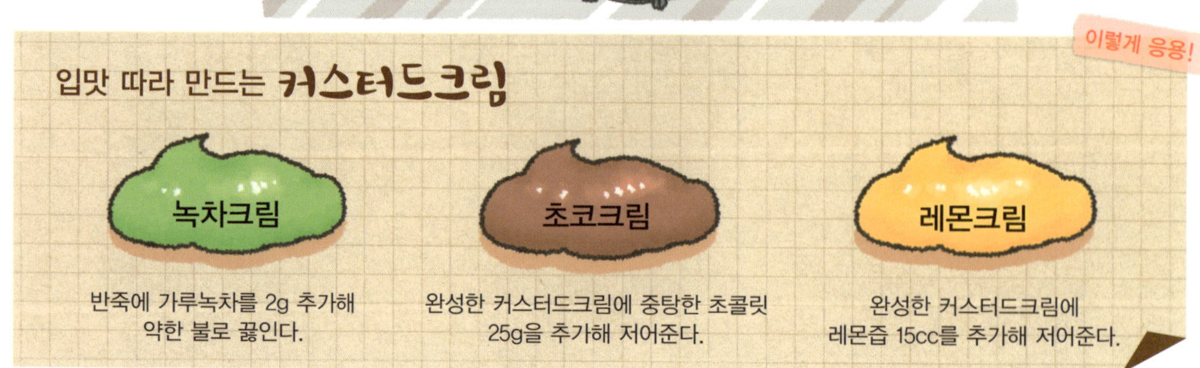

입맛 따라 만드는 커스터드크림

녹차크림
반죽에 가루녹차를 2g 추가해 약한 불로 끓인다.

초코크림
완성한 커스터드크림에 중탕한 초콜릿 25g을 추가해 저어준다.

레몬크림
완성한 커스터드크림에 레몬즙 15cc를 추가해 저어준다.

재료(3~4인분)　　• 우유 … 300cc　　• 설탕 … 120g

1 냄비에 우유와 설탕을 넣고, 중간 불로 저어가며 졸인다.

2 양이 반으로 줄고, 연한 갈색을 띠면 완성!

5분 완성! 초간단 토스트 레시피

고소한 맛!
구운 후 소금, 후추를
뿌려서 먹어요.

계란마요네즈토스트

❶ 식빵 가장자리를 따라 마요네즈를 주욱 짠다.

❷ 식빵 가운데에 작은 계란을 떨어뜨린 후
모양을 봐가면서 오븐토스터기로 굽는다.

마시멜로토스트

❶ 식빵에 연유를 골고루 바르고, 그 위에
시나몬이나 코코아가루를 뿌린다.

❷ 마시멜로 6개를 얹어서, 오븐토스터기로 굽는다.

마시멜로가
쭈우욱~ 쫀득쫀득!

계란 1개, 우유 150cc,
설탕 10g으로
식빵 두 장분의
계란물이 만들어져요!

초간단 프렌치토스트

❶ 우유, 계란, 설탕, 바닐라에센스를 넣은 물에
식빵을 담근 채로, 랩을 씌우지 않고
식빵 한 쪽당 30초씩 전자레인지에 돌린다.

❷ 버터를 바른 프라이팬에 굽는다.

아보카도치즈토스트

❶ 식빵에 마요네즈를 얇게 바르고 그 위에
얇게 자른 아보카도를 1/2개 올린다.

❷ 치즈 1장을 얹은 후 오븐토스터기에 굽는다.

취향에 따라,
간장이나 후추를
뿌려서 드세요!

보쿠도
먹을래!

와삭와삭! 사르르!

과자

맛있는 케이크와 바삭한 쿠키를
오븐 없이 간단하게 만들어보아요~

머그컵케이크

3분 만에 만들 수 있어 바쁜 아침에도 굿!
뭉게뭉게 부풀어 올라 모양도 맛도 좋은 머그컵케이크

재료(조금 큰 머그컵 [크기 9.5×8㎝ 정도] 1개분)

- 밀가루 … 45g
- 계란 … 1개
- 우유 … 15cc
- 설탕 … 20g 이상
- 베이킹파우더 … 1/2작은술(2g)
- 식용유 … 1작은술(4g)

1 모든 재료를 머그컵에 넣고 잘 섞는다.

2 전자레인지에서 2분 30초 정도 돌린다.

입맛 따라 만드는 **머그컵케이크**

설탕 대신에 잼을
2~3큰술 넣으면
색이 예뻐요!

블루베리잼

딸기잼

유자차

코코아가루
1작은술

가루녹차
1작은술

커피 1작은술

바닐라에센스나 코코아,
녹인 인스턴트 블랙커피를
추가해도 좋아요!

아이스크림이나
생크림을 얹어 먹으면,
사 먹는 것보다 더 맛있어!

아이스크림 토핑

생크림 토핑

앗, 보쿠도!?

바나나케이크

재료를 섞어서 버튼을 누르기만 하면 끝!
설거지거리가 적어서 더 좋아!

재료
(6인용 전기밥솥 1회분)

- 연두부 … 150g
- 바나나 … 중간 크기 3개 혹은 큰 것 2개
- 핫케이크가루 … 150g
- 계란 … 2개
- 설탕 … 40g

1 연두부는 으깨둔다. 바나나는 거칠게 으깨둔다.

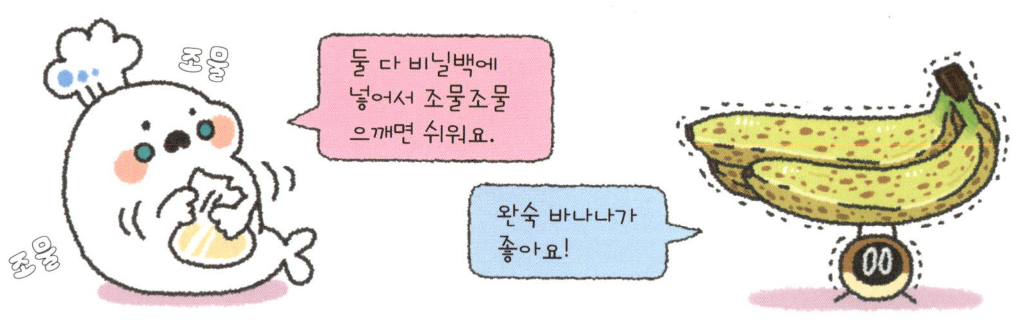

2 전기밥솥에 모든 재료를 넣어 젓고, 취사 버튼을 누른다.

3 취사가 완료되면 젓가락으로 찔러본다. 반죽이 묻어 나오면 한 번 더 취사를 하고,
다 됐으면 따뜻할 때 케이크 받침에 꺼내 식힌다.

휘익!
퍽!
케이크 받침은 스테인리스
냄비 받침대로 대신해도 돼요.
실리콘 주걱으로
둘레를 떼어놓는다.
케이크 받침 위에
꺼내 올린다.
먹을 분량만큼 자른 후 나머지는
따뜻할 때 랩으로 싸놓아요.

간식
완성
부들
따뜻할 때는
부들부들~!
보들
랩을 씌워서
하루 놔두면
촉촉해요!

이렇게 응용!
입맛 따라 만드는 바나나케이크
호두를 써도
맛있어요.
바나나와
코코아가
질 어울려요.
1개를 4등분해서 넣으세요!
+ 코코아가루 30g
+ 캐러멜 5~6개
+ 잘게 썬 아몬드 30g
+ 초코칩 30g

전기밥솥으로 만드는 **수제 케이크**

① 사과케이크

재료(6인용 전기밥솥 1회분)

- 사과 … 1개
- 레몬즙 … 적당량
- 버터 … 적당량
- 설탕 … 적당량

A
- 핫케이크가루 … 200g
- 계란 … 2개
- 우유 … 130g
- 설탕 … 30g
- 홍찻잎 … 티백 2개분

1 사과를 얇은 빗 모양으로 자른 후 레몬즙을 뿌려둔다. 전기밥솥의 솥 안쪽에 버터를 바르고 설탕을 뿌린 후, 레몬즙을 뿌린 사과를 바닥에 빈틈없이 놓는다.

2 볼에 A를 넣어 섞고 ①의 위에 부은 후 취사 버튼을 누른다.

② 치즈케이크

재료(6인용 전기밥솥 1회분)

- 크림치즈 … 200g
- 설탕 … 50~60g
- 생크림 … 150cc
- 계란 … 3개
- 레몬즙 … 7~10cc
- 박력분 … 15g

1 볼에 크림치즈와 설탕을 넣고 잘 섞는다.
생크림, 계란, 레몬즙을 넣고 저은 후, 박력분을 넣고 자르듯 대충대충 섞는다.

2 전기밥솥에서 취사가 완료되면, 밥솥을 냉장고에 넣고 잘 식힌다. 식은 후에 접시에 담는다.

바삭바삭 쿠키

재료를 섞어서 전자레인지에 돌리기만 하면 완성.
마지막에 냉장고에 넣어주면 더욱 바삭바삭!

재료 (3~4인분)	A	• 계란 … 1개 • 설탕 … 70g • 바닐라에센스 … 조금 • 버터(마가린도 OK) … 80g	• 박력분 … 150g

1 볼에 A를 넣어서 잘 섞은 후, 박력분을 넣어 실리콘 주걱으로 대충대충 살살 섞어준다.

2 넓은 접시 위에 종이포일을 펴고, 숟가락으로 반죽을 한 입 크기로 떠놓는다.
가열하면 부풀어 오르므로 간격을 적당히 둔다.

3 전자레인지에 2분 30초~3분 정도 가열한 후 꺼내 식힌다.
냉장고에 넣어서 식혀주면 빨리 바삭바삭해진다.

비스코티

오븐이 없어도 고소한 비스코티를 만들 수 있다!
씹는 감촉을 좋게 만드는 비결은, 프라이팬과 전자레인지!

재료(3~4인분)

- 계란 … 1개
- 판초콜릿 … 1/2장(25~30g)
- 견과류 … 25g

A
- 박력분 … 100g
- 설탕 … 30g
- 베이킹파우더 … 1작은술(4g)

1 볼에 계란을 넣고 잘 풀어준다. A를 넣고 잘 섞은 후 잘게 부순 초콜릿과 견과류를 넣고
다시 잘 섞는다. 섞이면 도마에 붙지 않도록 밀가루를 살짝 뿌린 후 그 위에 반죽을 놓고,
두께 2~3cm의 타원형으로 만든다.

2 프라이팬에 종이포일을 펴고, ①반죽을 널찍하게 펴고 뚜껑을 덮은 다음,
가장 약한 불로 한 면에 10분씩 굽는다. 상태를 봐가면서 굽는 시간을 조절한다.
말랑한 쿠키 상태가 됐으면 꺼내서 1cm 두께로 자른다.

뚜껑을 덮어 양면을 굽는다.

부스러지지 않게 천천히 1cm 폭으로 자른다.

3 자른 비스코티를 종이포일에 간격을 두고 놓는다. 전자레인지에서 3~5분 돌리고, 꺼내어 식힌다.

입맛 따라 만드는 **비스코티**

설탕 분량의 반을 굵은 설탕으로 대체한다.	+ 가루녹차 6g 초콜릿을 화이트초콜릿으로	+ 인스턴트 블랙커피 4g + 잘게 썬 건자두(푸룬)

소프트 비스킷

겉은 바삭바삭, 속은 보슬보슬한 소프트 비스킷.
보기에도 좋아서 선물용으로도 좋아요!

| **재료**
(2인분) | A | • 박력분 … 120g
• 계란 … 1개
• 설탕 … 30g
• 바닐라에센스 … 약간 | • 버터(마가린도 OK) … 40g
• 슈거파우더 … 적당량 |

1 비닐백에 A를 다 넣어서 섞고,
전자레인지에서 30초 돌려 녹인 버터를 넣어 주물주물 반죽한다.

2 종이포일을 펴고 반죽을 원하는 모양으로 만들어 놓는다. 스틱 모양으로 만들려면
평평한 사각형으로 펴고, 멜론빵 모양으로 하려면 탁구공보다 작은 평평한 원형으로 만든다.

[멜론빵]
표면의 비스킷 반죽이
멜론을 닮아서 붙여진 이름

3 칼로 반죽에 칼집을 넣은 후, 프라이팬에 종이포일째 ②반죽을 놓는다.
뚜껑을 덮어 가장 약한 불로 20분 굽는다. 윗면에 슈거파우더를 뿌린 후 뒤집어서
뚜껑을 연 채로 5분 굽는다. 노릇노릇해질 때까지 굽고, 잔열을 식힌다.

입맛 따라 만드는 **소프트 비스킷**

초코크런치

초코크런치를 초콜릿으로 한 번 더 코팅!
달콤하고 바삭바삭해서 자꾸 손이 가요.

재료(2~3개분)
- 오레오(과자) … 4개(40g)
- 비스킷 … 15~20g
- 판초콜릿 … 1장(50~60g)

1 오레오를 비닐백에 넣어 잘게 부순다.
비스킷은 손으로 큼직하게 부숴서 오레오와 함께 그릇에 담아둔다.

2 판초콜릿을 중탕해서 녹인 초콜릿 반죽을 ①의 그릇에 2/3가량 넣고 골고루 섞으면
초코크런치 완성.

3 접시 위에 종이포일을 펴고, 초코크런치를 부어서 두께 1cm 정도 직사각형 모양으로 만든다.
②에서 사용하고 남겨뒀던 초콜릿 반죽 1/3을 초코크런치 위에 발라 코팅하고 냉장고에서 식힌다.
굳으면 2~3조각으로 자른다.

종이포일 위에
초코크런치를 붓는다.

두께 1cm 정도의
직사각형으로 만든다.
(너무 두꺼우면 딱딱해서
먹기 힘들어진다.)

남겨뒀던 초콜릿으로
겉을 코팅한다.

바삭바삭 러스크

한 입 크기라서 야금야금 자꾸자꾸 먹게 돼요!
빵 테두리만으로도 만들 수 있는 손쉬운 레시피예요!

재료
(식빵 1장분)

- 식빵 … 도톰한 것 1장
  [식빵 한 봉지에 6~8장 들어갈 정도로 도톰하게 자른 식빵]
- 버터(마가린도 OK) … 20g
- 설탕 … 5g+5g(①과 ③에서 사용)

1 식빵을 24등분해서 볼에 넣는다.
전자레인지에 30초 돌려서 녹인 버터를 넣고 잘 섞어주고, 설탕 5g을 넣어 다시 잘 섞는다.

2 종이포일 위에 ①을 겹치지 않도록 놓고,
전자레인지에 1분간 돌린 다음 얼마나 구워졌는지 상태를 본다. 이렇게 총 3회 한다.

3 따뜻할 때 설탕 5g을 뿌리고, 그 상태로 식힌다.

아이스크림 크레이프

밖에서 먹던 아이스크림 크레이프를 집에서도 만들 수 있어요.
좋아하는 재료를 넣어서 더 맛있게!

재료 (8개분)	▶ 크레이프 시트	▶ 속재료
	• 박력분 … 100g	• 크림치즈 … 200g
	• 설탕 … 20g	• 설탕 … 30g
	• 우유 … 200cc	• 요거트 … 160g
	• 계란 … 1개	• 레몬즙 … 10cc
	• 버터 … 적당량	• 가루젤라틴 … 5g
		• 물 … 40cc
		• 넣고 싶은 잼 … 적당량

1 볼에 박력분과 설탕을 넣어 섞고, 우유와 계란을 함께 섞은 것을 조금씩 부어가며 섞어서
반죽을 만든다. 프라이팬에 버터를 둘러 데우고, 가장 약한 불로 반죽을 구워
크레이프 시트 8장을 만든다.

2 볼에 속재료인 크림치즈와 설탕을 먼저 넣어 핸드믹서로 잘 섞고, 요거트와 레몬즙을 추가해
섞는다. 물 40cc에 10분간 불린 가루젤라틴을 전자레인지에 30초 돌려서 녹인 후 다시 섞고,
냉장고에서 30분 정도 식힌다.

3 ②반죽이 무스케이크처럼 되면 대강 섞은 후 ①크레이프 시트 반쪽에 바른다.
시트 한가운데에는 넣고 싶은 잼을 올린 후 반으로 접는다. 랩으로 말아 냉동실에 넣는다.

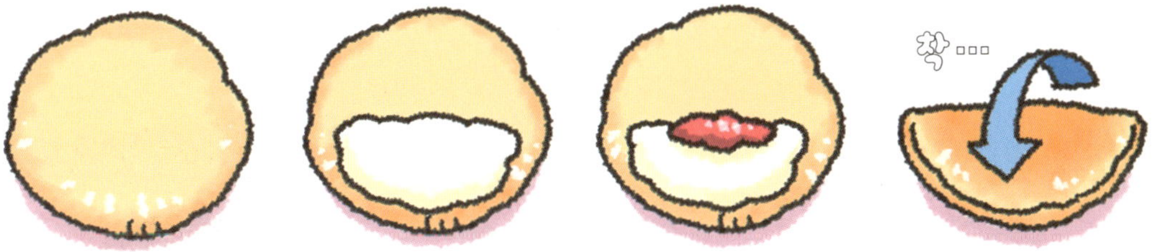

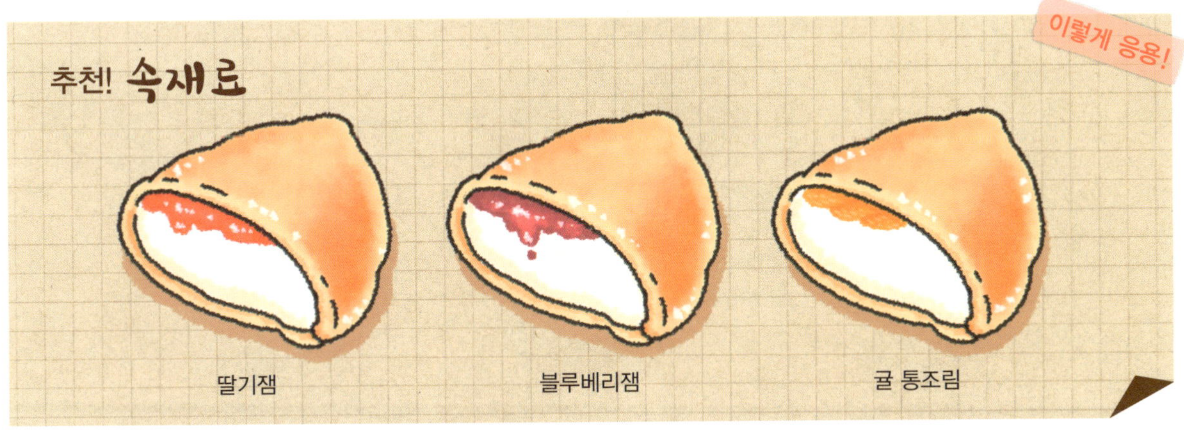

퐁당쇼콜라

입에서 사르르 녹는 달콤함.
식으면 전자레인지에 살짝 돌려서 드세요.

재료 (6개분)	• 계란 … 1개	• 박력분 … 20g
	• 설탕 … 30g	• 코코아가루 … 50g
	• 판초콜릿 … 1장(50~60g)	
	• 버터(마가린도 OK) … 40g	

1 A볼에 계란과 설탕을 넣고 핸드믹서로 잘 섞어 거품을 내 계란물을 만든다.
B볼에 잘게 부순 판초콜릿과 버터를 넣고, 랩을 씌우지 않고 전자레인지에 30초 돌린다.
녹은 것을 잘 저어준 후 A볼에 있는 계란물을 추가해 자르듯이 대충대충 섞는다.

2 ①에 박력분과 코코아가루를 2~3번 나눠 넣고 자르듯이 대충대충 섞는다.
종이컵 윗부분의 1/3을 잘라낸다. 완성된 반죽을 잘라낸 종이컵에 붓는다.

3 프라이팬에 종이컵을 올리고, 뚜껑을 덮어 가장 약한 불로 35~40분 굽는다.

젓가락으로 찔러보아
속이 익었으면 완성.

보통 퐁당쇼콜라는 안쪽이 사르르
녹는 식감이지만, 이것은 프라이팬에
굽기 때문에 위쪽이 사르륵 녹아요!

윗부분은 덜 익은
것처럼 보여요.

우물
우물

간식
완성

얌!

땡글~

이렇게 응용!

입맛 따라 만드는 **퐁당쇼콜라**

같은 양의 반죽을 180℃로
예열한 오븐에서 10~15분
구우면, 안쪽이 사르르 녹는
퐁당쇼콜라가 돼요!

판초콜릿 대신
화이트초콜릿을 넣고,
코코아가루는 빼고 만든다.

판초콜릿 대신
화이트초콜릿을 넣고,
코코아가루 대신
가루녹차를 넣는다.

이것도
아주 맛있어요.

사르르~

가토쇼콜라

단 두 가지 재료를 섞어서 굽기만 했는데도,
겉은 바삭하고 속은 촉촉한 초코케이크 완성!

재료 (우유팩 1개분)	• 판초콜릿 … 1장(50~60g) • 계란 … 1개

우유팩 틀 만드는 방법

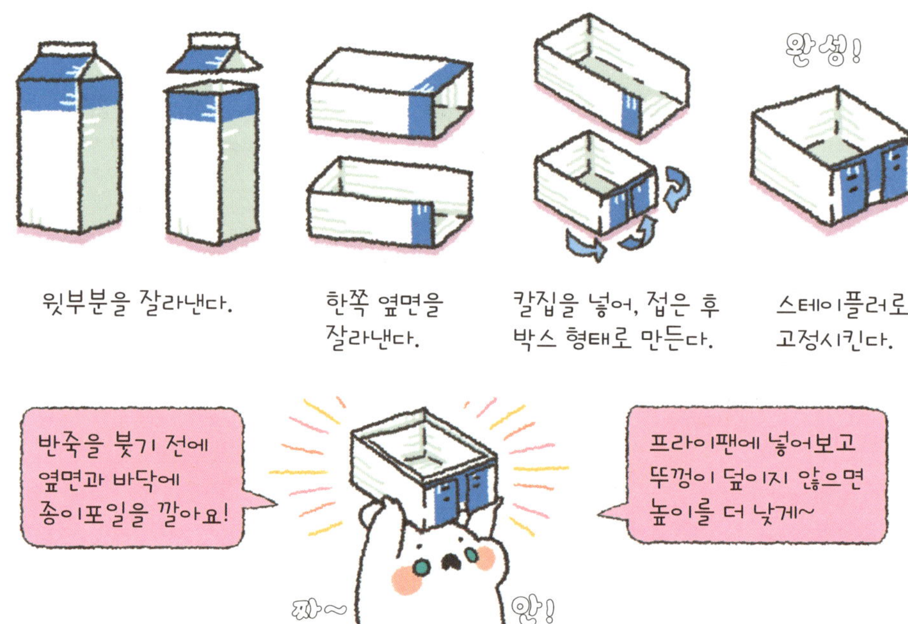

가토쇼콜라 만들기

1 판초콜릿은 잘게 부수고, 중탕으로 녹인다. 계란은 흰자와 노른자를 분리한다.
계란 흰자를 볼에 넣고 충분한 거품을 내어 머랭을 만든다.

2 ①의 중탕한 초콜릿에 계란 노른자를 넣고 실리콘 주걱으로 저은 후, 머랭을 조금씩 넣으면서
거품이 없어지지 않게 조심하며 자르듯이 섞는다.

3 우유팩 틀에 종이포일을 깔고 반죽을 부어 프라이팬에 올린 후 뚜껑을 덮고
약한 불에서 30~35분 굽는다. 냉장고에서 충분히 식힌 후 틀에서 빼낸다.

컵 시폰케이크

종이컵으로 만드는 한 손 크기의 시폰!
크기는 작지만 맛은 정말 훌륭해요.

재료 (3개분)	▶ 케이크 반죽	▶ 머랭
	• 버터(마가린도 OK) … 10g	• 계란 흰자 … 1개분
A	• 핫케이크가루 … 20g • 설탕 … 10g • 우유 … 10cc • 계란 노른자 … 1개분	• 소금 … 아주 조금 • 설탕 … 10g

1 볼에 A와 전자레인지에 20초 돌려서 녹인 버터를 넣어서 섞는다.

2 다른 볼에 계란 흰자와 소금을 넣고, 핸드믹서로 거품을 내어 머랭을 만든다.
설탕을 넣고 다시 잘 섞으면, 윤기가 흐르는 머랭이 된다.

3 ①반죽에 머랭을 2~3번 나눠 넣고, 자르듯이 대충대충 섞는다.
종이컵 윗부분의 1/3을 잘라낸다. 완성된 반죽을 잘라낸 종이컵에 붓는다.
프라이팬에 종이컵을 올리고, 뚜껑을 닫은 후 가장 약한 불로 약 25분 굽는다.

바움쿠헨

밀푀유처럼 여러 겹의 반죽을 쌓아 올리면
층층이 결이 살아 있는 바움쿠헨을 만들 수 있어요.

재료(3개분)

A
- 버터 … 40g
- 핫케이크가루 … 100g
- 전분 … 50g
- 설탕 … 120g

B
- 계란 … 2개
- 우유 … 100cc
- 꿀 … 30g
- 바닐라에센스 … 아주 조금

1 볼에 A를 넣어 잘 섞는다.
전자레인지에 20초 돌린 버터와 B를 추가해, 뭉침이 없어질 때까지 잘 섞는다.

2 프라이팬에 반죽을 얇게 부어서 양면이 옅은 갈색이 될 때까지 굽고, 구워진 시트를 접시에 둔다.
프라이팬에 같은 양의 반죽을 부은 후 접시에 꺼내놨던 시트를 겹쳐서 올린다.
같은 방법으로 반죽을 계속 구워서 겹쳐 올린다.

3 다 구우면 바로 랩으로 싸서, 냉장고에 넣어 식힌다.
식으면 칼로 알맞은 크기로 자른다.

빵과 과자 반죽이 잘 부풀게 하려면

【 직접 만드는 핫케이크가루 】

(핫케이크가루 100g 분량)

- 박력분 85g
- 설탕 10g
- 전분 2g
- 베이킹파우더 2g
- 소금 아주 조금

↓

모든 재료를 봉지에 넣어서 슥슥 흔들어 섞어요!

Q. 베이킹소다(중조)도 부풀어 오르는 역할을 하는데, 베이킹파우더 대신 넣어도 괜찮은가요?

A. 무얼 만드느냐에 따라 다릅니다!

- 베이킹소다가 베이킹파우더보다 부풀어 오르게 하는 힘이 두 배 강해요!
- 베이킹소다는 열에 반응하여 부풀어 오르므로, 반죽을 숙성시키는 것이 중요! 베이킹파우더는 물과 공기에 반응하여 부풀어 오르므로, 빨리 굽는 것이 중요!
- 베이킹소다는 옆으로(횡) 부풀고, 베이킹파우더는 위로(종) 부풀어 오른다.
- 베이킹소다는 구워지면 색이 진해지고, 독특한 풍미가 있다.

【 베이킹소다로 도라야키 】

(8개분 정도)

- 박력분 100g
- 베이킹소다 1/2작은술
- 계란 2개
- 설탕 80g
- 꿀 2작은술
- 우유 15~30cc

↓

1~2시간 반죽을 숙성시켜 구워요. 팥소와 생크림을 사이에 넣어 먹어요!

Q. 핫케이크에 요거트나 레몬즙을 넣으면, 왜 더 잘 부풀어 오르나요?

A. 탄산수소나트륨 때문에!

Q. 요거트를 넣었는데 핫케이크가 잘 부풀어 오르지 않았어요. 왜죠?

A. 반죽하고 바로 만들지 않거나, 너무 저었거나 하면 부풀어 오르지 않아요.

산뜻산뜻! 탱글탱글!

디저트

아이스크림, 푸딩, 젤리 등
섞어서 굳히기만 하면 완성되는 손쉬운 간식이에요!

수제 마시멜로

직접 만들면 놀라울 정도로 보들보들, 쫀득쫀득~
완성 후에 바로 맛보세요.

재료
(2~3인분)

- 가루젤라틴 … 10g
- 물 … 50cc
- 계란 흰자 … 1개분
- 설탕 … 50g
- 레몬즙 … 5cc
- 코코아가루 … 적당량

1 컵에 가루젤라틴과 물을 넣고 10분 정도 불린다. 다른 볼에 계란 흰자를 넣어
핸드믹서로 거품을 만들고, 2~3번 나누어 설탕을 넣으면서 머랭을 만든다.

2 가루젤라틴이 담긴 컵을 전자레인지에 30초 돌려 녹이고, 머랭이 담긴 볼에 붓는다.
레몬즙도 첨가해 핸드믹서로 잘 섞어 머랭을 단단하게 만든다.

3 그릇에 종이포일을 깔고 ②를 부어서 냉장고에서 1~2시간 식힌다.
굳으면 4면에 코코아가루를 뿌리고 한입 크기로 자른다.

마시멜로만 있으면 간단! 바바루아케이크

머랭과 가루젤라틴으로 만든 마시멜로로 손쉽게 바바루아케이크를 만들 수 있어요!

1 초코 바바루아케이크

재료 (우유팩 틀 1개분)	• 쿠키 … 40g		• 마시멜로 … 50g
	• 버터 … 20g	A	• 우유 … 100cc
	• 초콜릿(다크초콜릿 추천) … 25g		• 코코아가루 … 6g

1 잘게 부순 쿠키와 전자레인지에 돌려 녹인 버터를 볼에 함께 넣고 섞은 후,
우유팩 틀의 바닥에 꾹꾹 눌러가며 깐다.

2 A를 냄비에 넣어 가열하고, 불을 끈 후 잘게 부순 초콜릿을 넣어 녹인다.
다 녹으면 ①의 우유팩 틀 안에 붓고, 냉장고에서 굳힌다.

② 레어치즈 바바루아케이크

재료 (우유팩 틀 1개분)	• 쿠키 … 40g		• 마시멜로 … 50g
	• 버터 … 20g	A	• 우유 … 100cc
	• 레몬즙 … 15cc		• 크림치즈 … 100g

1 잘게 부순 쿠키와 전자레인지에 20초 돌려 녹인 버터를 볼에 함께 넣고 섞은 후,
우유팩 틀의 바닥에 꾹꾹 눌러가며 깐다.

2 A를 냄비에 넣어 가열하고, 불을 끈 후 레몬즙을 넣어 잘 섞는다.
①의 우유팩 틀 안에 붓고, 냉장고에서 굳힌다.

바닐라아이스크림

생크림을 사용해 깊고 진한 맛의 바닐라아이스크림!
깔끔한 맛을 내고 싶을 때는 식물성 생크림을 사용하세요.

재료
(2~3인분)
- 생크림 … 70cc
- 설탕 … 20g
- 계란 … 1개
- 바닐라에센스 … 적당량

1 볼에 생크림, 설탕을 넣고 거품기를 사용해 거품을 낸다.

2 ①에 계란과 바닐라에센스를 넣고, 거품이 죽지 않도록 실리콘 주걱으로 잘 섞는다.

입맛 따라 만드는 **수제 아이스크림**

+ 잼	+ 초코칩	+ 잘게 부순 오레오	+ 볶아서 부순 견과류
검은깨페이스트 토핑	팥소, 볶은 콩가루 토핑	브랜디 토핑	화이트와인 토핑

프로마주블랑

되직하고 농후한 프로마주블랑.
좋아하는 잼이나 토핑을 얹어 드세요!

[프로마주블랑] 우유로 만드는 소프트 치즈.
요거트와 비슷한 맛이다.

재료(2~3인분)
- 플레인요거트 … 150g
- 설탕 … 10g
- 생크림 … 60cc

1 볼에 모든 재료를 넣고, 잘 섞는다.

2 커피 드립퍼에 필터를 끼워 컵 위에 놓고,
①을 필터에 부은 채로 랩을 씌워 냉장고에 하룻밤 둔다.

3 그릇에 보기 좋게 담아서 벌꿀이나 잼, 콤포트(설탕에 절인 과일) 등과 같이 드세요!

달콤달콤 푸딩!

1 넓적한 머그컵에 A를 넣어 전자레인지에서 1분 정도 돌린 후, 물 3cc(분량 외)를 더 넣고 컵을 둘둘 움직여가며 저으면 캐러멜이 된다. 캐러멜이 굳을 때까지 식힌다.

2 볼에 B를 넣어 잘 섞고 ①의 머그컵에 붓는다.
랩을 씌우지 않고 전자레인지에서 2분~2분 30초 가열한다.
전자레인지에서 꺼내 랩을 씌우고 수건으로 둘둘 말아 15분 둔다.

탱글탱글 푸딩

1 A를 냄비 안에 넣고 잘 섞은 후 가열한다. 끓기 직전까지 가열한 후 불을 끄고 물에 불린 가루젤라틴을 넣어 잘 녹인다. 작은 체로 걸러 용기에 넣고 식힌다.

딸기푸딩	녹차푸딩	요거트푸딩
믹서에 간 딸기 100g, 우유 350cc, 설탕 40g	가루녹차 1큰술, 우유 400cc, 설탕 40g	요거트 200g, 레몬즙 15cc, 우유 200cc, 설탕 40g

푸딩 3종

눈 깜짝할 사이에 완성되는 보기 좋고 맛있는 젤리.
내 취향대로 만들어 더욱 맛있어!

❶ 복숭아우유푸딩(2~3개분)

❷ 칼피스푸딩(2~3개분) 칼피스: 일본의 탈지유 음료. 여러 가지 맛이 있다.

여러 가지 음료수로 만들어보아요!
물보다 우유를 섞어 만드는 게 더 맛있어요!

1. 사이다 100cc, 설탕 15g,
가루젤라틴을 냄비에 같이 넣고
약한 불로 데워 녹인 후, 불을 끄고
사이다 200cc를 더 부어 살살 젓는다.

2. 용기에 준비된 수박 등의
과일을 넣고 나서,
①혼합액을 용기의
3/4까지 붓는다.

3. 젤리액을 넣은 ②용기와
남은 ①혼합액 1/2을
냉장고에 넣고 조금 기다린다.

아직인가 …
아직 안 됐나 …

4. ②용기에 넣은 젤리의 표면이
굳으면, 나머지 ①혼합액을
거품을 내어 얹어 완성!

짜~안~

우와아아!
얹어줘요! 얹어줘요!

5. 오렌지맛 탄산 음료를 사용해서 만들면,
맥주 거품같이 돼요!

어른이 된 기분이다! 와하하!

오옹!!

과일푸딩

과일 속 펙틴의 힘으로 만드는 푸딩. 필요한 재료는 과일과 우유 단 두 가지뿐!

과일푸딩 만들기 Point!

1 감푸딩

재료(2인분)　　•감 … 1개(약 200g)　　•우유 … 100cc

1 감의 껍질을 벗기고 씨를 제거하여, 우유와 함께 믹서로 간다.
용기에 옮겨 담은 후 용기째 냉장고에 넣어 차갑게 한다.

2 바나나푸딩

재료(2인분)　　•바나나 … 2개(약 200g)　　•우유 … 150cc

1 바나나를 한 입 크기로 자르고 랩을 씌워 전자레인지에 2분 정도 돌린다.

2 ①의 바나나와 우유를 믹서에 넣어 간다. 용기에 옮겨 담은 후 용기째 냉장고에 넣어 차갑게 한다.

우유젤리

산뜻하고 부드러운 우유젤리.
탱글하고 사각거리는 식감이 아주 좋아요.

재료(2~3인분)
- 물 … 200cc
- 가루한천 … 4g
- 설탕 … 40g
- 귤 통조림 … 1개(시럽은 제외)
- 우유 … 300cc

1 냄비에 물과 가루한천을 넣고, 가열해 녹인다.

2 한천이 완전히 녹으면, 설탕을 추가하고 가열해 녹인다.

3 불을 끄고 전자레인지에서 30초 돌린 우유와 귤 통조림을 넣은 후
용기에 붓고 상온에서 식혀 굳힌다.

두부와 젤라틴의 요리 포인트!

굳히는 간식과 과자를 만들 때의 팁을 모았어요. 두부와 젤라틴을 사용한 레시피의 포인트!

Q. 왜 찹쌀경단에 두부를 넣어 만드나요?

A. 시간이 지나도 딱딱해지지 않고, 계속 쫄깃쫄깃해요!

두부 찹쌀경단은 냉동해도 OK!
서로 들러붙으니까 소량으로
나눠서 지퍼백에 넣어요!

보쿠의 레시피에는
두부를 사용해서 만든
것이 많아요!

두부는 근육 만들기에
매우 좋은 식재료예요!

【 두부의 장점 】

- 단백질이 풍부해, 버터 대신 사용하면 칼로리 다운!
- 부피가 커지고, 저렴해!
- 포만감이 오래간다.
- 콜레스테롤과 중성지방을 줄여주고 혈액 순환도 좋아진다.
- 대사를 증진시키는 비타민 B군을 함유하고 있다.

【 쫄깃쫄깃 두부 팬케이크 】

- 연두부 60g(잘 으깬다)
- 계란 1개
- 우유 50cc
- 핫케이크가루 100g

【 팬케이크가 잘 부풀어 오르게 섞는 법 】

① 가루 이외의 재료를 먼저 잘 섞는다.
② 가루를 과감하게 투입!
③ 거품기로 떠서 떨어뜨리길 15회 반복

④ 구울 때 뒤집개로 절대 누르지 않는다!

Q. 젤라틴으로 만든 젤리에 과일을 넣었는데 굳지 않아요!

A. 과일에 들어 있는 효소 때문!

【 해결책 】

- 과일을 75℃ 이상 가열한다. (콤포트로 만들어 써도 좋아요)
- 과일 통조림을 사용한다.
- 가루젤라틴 말고 다른 재료 (한천, 아가)로 젤리를 만든다.

젤라틴, 한천, 아가로 만드는 젤리의 차이점

젤라틴	한천	아가
탱글탱글	사각사각	후들후들
차게 해서 굳힌다.	상온에서 굳힌다.	상온에서 굳힌다.
특유의 향이 있다.	특유의 향이 있다.	무미무취
옅은 노란색	흰색	무색 투명
100g의 액체에 1~3g 넣는다.	200g의 액체에 1~2g 넣는다.	100g의 액체에 1~2g 넣는다.
푸딩, 젤리, 무스, 바바루아	양갱, 행인두부	푸딩, 과일젤리, 물양갱

쫄깃쫄깃! 보들보들!
일본 간식

달달하면서도 건강을 생각한 일본식 간식.
일본 인기 간식 찹쌀경단, 도라야키, 카스텔라 등을 집에서 만들어요!

어디서도 맛볼 수 없는 특별한 쫄깃함!
찹쌀도라야키

일본식 팬케이크인 도라야키를 찹쌀가루로 만들어봐요.

재료(5개분)

- 찹쌀가루 … 50g
- 물 … 40cc
- 계란 … 1개
- 설탕 … 30g
- 맛술 … 1큰술(18g)
- 박력분 … 30g
- 베이킹파우더 … 5g

1 찹쌀가루를 담은 볼에 물을 조금씩 넣어가며 섞는다.

2 다른 볼에 계란, 설탕, 맛술을 넣고 하얗게 될 때까지 거품을 낸다.
①과 박력분, 베이킹파우더를 추가해 자르듯이 대충대충 섞는다.
프라이팬에 1큰술씩 넣고 약한 불로 양면을 굽는다.

도라야키

인기 만화영화 캐릭터인 도라에몽이 좋아하는 빵으로도 유명한
도라야키를 내 손으로 직접 만들어요.

재료(3~4개분)

- 계란 … 1개
- 설탕 … 30g
- 맛술 … 1큰술(18g)
- 박력분 … 50g
- 베이킹파우더 … 3g
- 물 … 35cc

1 볼에 계란, 설탕, 맛술을 넣고 하얗게 될 때까지 거품을 낸다. 박력분, 베이킹파우더,
물을 추가해 자르듯이 대충대충 젓는다. 프라이팬에 1큰술씩 넣고 약한 불로 양면을 굽는다.

두부아이스크림

생크림을 쓰지 않아서 저칼로리에 영양 만점!
선호하는 향을 첨가해 다양하게 즐겨요!

재료 (4인분)	• 두부 … 1모(300g)	• 꿀 … 50g
	• 우유 … 100cc	• 바닐라에센스 … 적당량

1 볼에 두부를 넣고 매끄러워질 때까지 잘 부순다. 다른 재료도 전부 추가해 잘 섞는다.

2 지퍼백에 담아 냉동실에 넣는다. 90분 후에 꺼내어 세 번 주물주물하면 완성!

입맛 따라 만드는 **두부아이스크림**

녹차아이스크림
+ 가루녹차 15g

초코아이스크림
+ 코코아가루 12g

검은깨아이스크림
+ 검은깨페이스트 30g

찹쌀경단

두부를 사용하면 차갑게 해서 먹어도 몰랑몰랑한
찹쌀경단을 만들 수 있어요!

재료
(1~2인분)
- 찹쌀가루 … 40g
- 코코아가루 … 조금
- 두부 … 40g

1 볼에 찹쌀가루와 두부를 넣고, 약간 되직한 반죽이 될 때까지 잘 섞는다.

2 100원 동전 크기의 구슬 모양으로 뭉친다.
찹쌀경단에 얼굴과 그림을 그리고 싶을 때에는 이쑤시개로 홈을 파거나 줄을 긋고,
뜨거운 물에 녹인 코코아를 부어 착색시킨다.

3 끓는 물에 경단을 넣어 삶는다.
잠겨 있던 경단이 떠오르면 1~2분 더 삶은 후 건져서 찬물에 식힌다.

와라비모찌

재료를 섞어서 졸이기만 하면!
응용에 따라 다양한 맛과 색을 즐길 수 있어요.

[와라비모찌] 고사리 전분으로 만든 떡.
콩가루나 가루녹차 등을 뿌려 먹는다.

재료	• 와라비모찌가루(전분으로 대체) … 50g
(2~3인분)	• 설탕 … 30g • 물 … 200cc • 얼음물 … 많이

1 볼에 와라비모찌가루, 설탕, 물을 넣고, 뭉침이 없어질 때까지 섞은 후 프라이팬에 옮긴다.

2 중간 불에 프라이팬을 올리고, 나무 주걱 등을 사용하여 계속 젓는다.
엉기기 시작해 투명해지면 약한 불로 줄이고, 알맞은 굳기가 될 때까지 계속 젓는다.

3 투명하고 쫀득하게 되면 불을 끄고 한 덩어리로 뭉쳐서 꺼낸 후 얼음물을 담은 볼에 넣는다.
물속에서 적당한 크기로 똑똑 떼어내어 식힌다.

입맛 따라 만드는 **와라비모찌**

고구마맛탕

튀기지 않고 소량의 기름에 구워 만드는 건강식.
만든 후에 치우기도 쉽고, 게다가 맛있기까지!

재료
(2~3인분)

- 고구마 … 1개(400~500g)
- 검은깨 … 조금

A
- 설탕 … 4큰술
- 간장 … 2큰술
- 식초 … 1작은술
- 참기름 … 2큰술

1 고구마를 씻어서 큼직하게 썬 후 물에 10분 정도 담가 전분을 없애준다.
꺼내서 키친타올 등으로 물기를 제거한다.

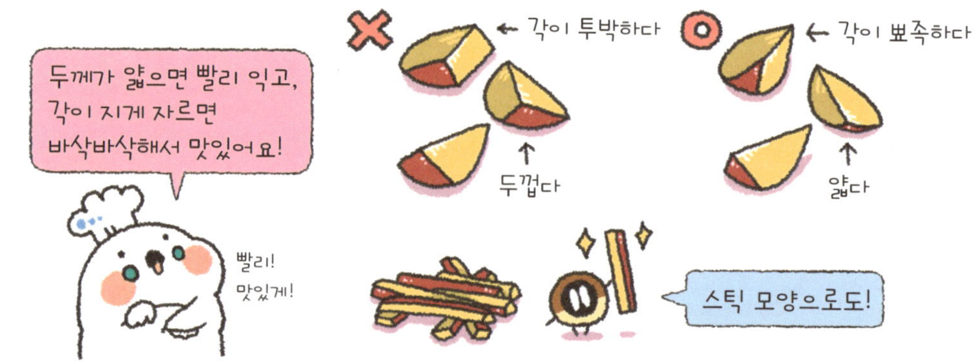

2 프라이팬에 A를 넣고, 고구마가 겹치지 않도록 올려서 뚜껑을 닫고 약한 불로 5분간 굽는다.
뚜껑을 열어 고구마를 뒤집고 다시 뚜껑을 닫고 2분 굽는다.
2분 간격으로 뒤집기를 두 번 정도 반복한다.

3 찔러봐서 젓가락이 들어가면 뚜껑을 연 채로 불을 조금 키워 조청 상태의 소스가
고구마에 골고루 묻도록 버무린다. 겉이 바삭하게 되면 마무리로 검은깨를 뿌린다.

찹쌀떡

보쿠가 좋아하는 쫄깃쫄깃한 식감의 간식.
어느 것이든 두부가 포인트예요.

① 생야쯔하시(8개분) 일본 교토의 명물인 삼각 팥떡

1 콩가루 30g과 시나몬 5g을 섞은 가루를 도마에 골고루 뿌린다. 그 위에 찹쌀떡 피 반죽을 올려 납작하게 펼친다. 위쪽에 다시 가루를 가볍게 입힌 후 8등분한다.
팥소를 10원짜리 동전 크기로 둥글게 만들어 팥소를 싸는 것처럼 삼각형으로 탁 접는다.

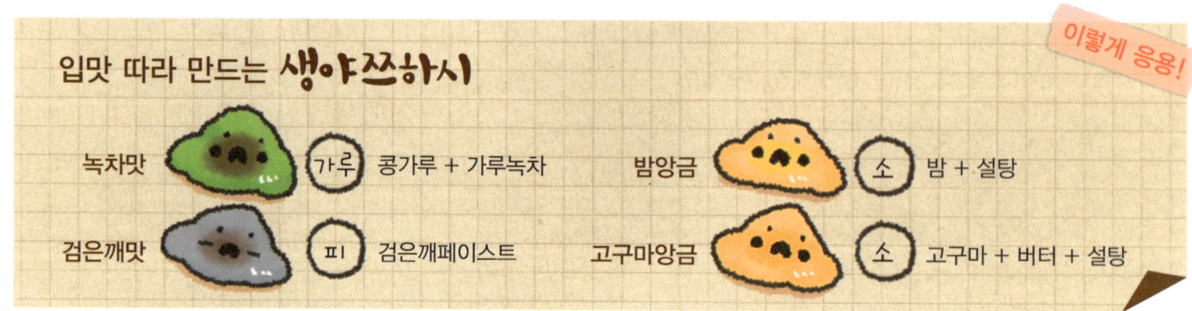

1 판초콜릿 1장(50g)을 잘게 썰고, 중탕으로 녹인다. 전자레인지로 15초 돌린 우유 1과 1/2큰술을
조금씩 부어가며 섞는다. 냉장고에서 1시간 식혀 굳힌 후 코코아가루를 입혀가며 8등분한다.

2 도마에 코코아가루를 뿌린다. 그 위에 찹쌀떡 반죽을 올려 납작하게 펼치고
코코아가루를 다시 가볍게 뿌린 후 8등분한다.
①의 초콜릿을 안에 넣고 감싸 둥글게 뭉치고, 코코아가루를 전체에 잘 입힌다.

콩가루쿠키

쿠키도 프라이팬으로 만들 수 있다는 사실!
소박하지만 자꾸 손이 가는 맛이에요.

재료 (1~2인분)	• 박력분 … 30g	• 설탕 … 20g
	• 콩가루 … 30g	• 식용유 … 1큰술
	• 우유 … 30cc	

1 볼에 재료를 전부 넣고 잘 섞는다.

2 잘 뭉쳐지면 종이포일 위에 반죽을 올리고, 밀대로 두께 2~3㎜가 될 때까지 민다.

3 프라이팬에 넣고 뚜껑을 닫아 약한 불로 5분, 뚜껑을 열고 뒤집어서 4분 굽는다.
따뜻할 때 칼로 누르듯 자르고 겹쳐지지 않도록 펼쳐서 식힌다.

이얍!
뒤집을 때 힘 조절이 중요!!
조금 탄 듯하게 구우면 파삭파삭하고 맛있어요!
갈색이 덜 나면 조금 더 구워요!
간식 완성
사각
푸핫
따뜻할 때에는 소프트 쿠키!
식으면 오독오독해져요!

이렇게 응용!
입맛 따라 만드는 **콩가루쿠키**
+ 참깨(검은깨도 OK)
+ 초코칩
+ 잘게 부순 견과류
+ 시나몬
설탕을 흑설탕으로 바꾸면 색다른 단맛이 나요!
다양한 재료를 넣어서 만들어봐요.

카스텔라

갓 만들었을 때는 손으로 집을 수 없을 정도로 폭신폭신!
따끈따끈할 때 맛보면 그 맛을 잊을 수 없을 거예요!

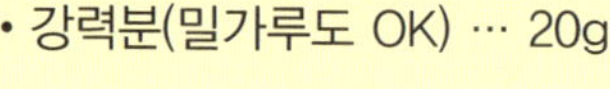

재료 (우유팩 틀 1개분)	• 계란 … 1개	• 설탕 … 25g
	• 우유 … 5cc	• 꿀 … 5g
	• 강력분(밀가루도 OK) … 20g	

1 볼에 계란과 설탕을 넣고, 핸드믹서로 리본 상태의 반죽이 될 때까지 고속으로 젓는다.
전자레인지에 15초 돌린 우유에 꿀을 녹인 후 반죽에 추가하고, 핸드믹서로 1~2분 섞는다.

2 2~3번 체를 친 강력분을 ①에 넣고, 저속으로 30~60초 섞는다.

3 우유팩 틀에 종이포일을 깔고 ②반죽을 넣은 뒤 프라이팬 위에 올려, 뚜껑을 덮고
가장 약한 불로 30~50분 굽는다.

4 위에 종이포일을 올리고 틀을 뒤집어서 다시 5분 굽고, 노릇노릇하게 되면 완성.

Q&A 코너

저자 보쿠가 자신의 트위터에서 많이 받은 독자의 질문에 답해드려요!

Q. 만든 간식들은 며칠 정도 보관이 가능합니까?

A. 보존제를 전혀 쓰지 않았기 때문에 2~3일 안에 드세요.

Q. '밀가루 등을 체로 쳐주세요'라는 문구가 자주 나오던데, 집에 체가 없어요. 대체할 만한 물건은 없습니까?

A. 차 거름망, 고운 소쿠리 등으로 대체할 수 있어요.

Q. 우유가 없을 경우 같은 양의 물로 대신해도 될까요?

A. 만들 수는 있지만 맛이나 부드러움이 조금 떨어져요.

보쿠 씨가 제일 좋아하는 레시피는 무엇입니까?

[보들보들 몰랑몰랑 찹쌀경단]을 제일 좋아해요!
잔뜩 만들어서 냉동실에 쌓아두고 먹어요!

보쿠 씨도 실패할 때가 있나요?

실패한 적이 훨씬 많아요. 가능한 한 3번 이내에 성공시키려고 노력하죠.

레시피 일러스트를 그릴 때 어떤 점을 신경 쓰나요?

어떤 순서로 해야 시간을 낭비하지 않고 그릴 수 있을까 생각합니다.
그 후에는 가능한 한 폭신하게, 따끈함이 전해질 수 있도록 그림을 그리고 있어요!

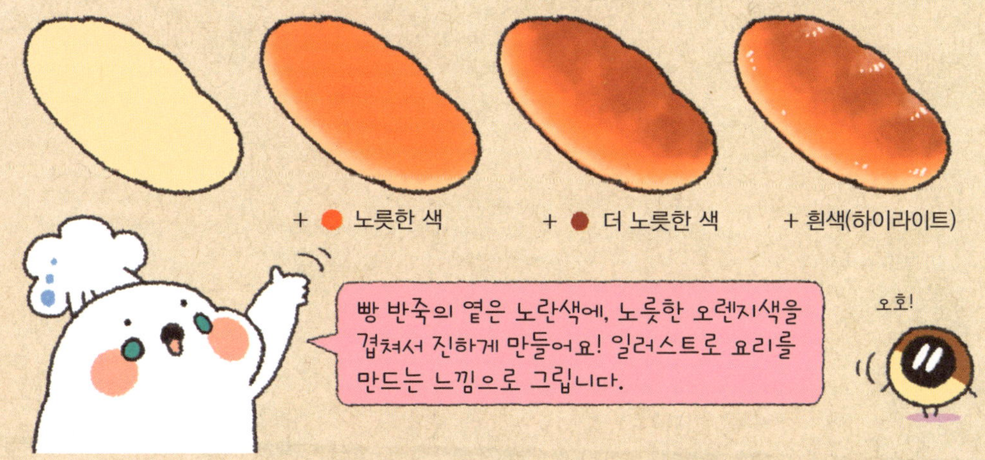

《간식을 부탁해》의 레시피 몇 가지를 예문사 편집부에서 미리 만들어보았습니다. '푸딩처럼 보들보들 프렌치토스트'는 정말 간단하고 맛있어 보이지만, 식빵을 계란물에 24시간 재워놓는다면 그 사이에 식빵이 다 풀어지지 않을까?라는 궁금증이 생겼거든요. 직접 해보면 답이 나오지 않겠어요? 편집부의 요리 왕초보들이 만든 프렌치토스트와 간식들, 잘 만들어졌을까요?

말랑말랑 쫀득쫀득 **수제 마시멜로** (레시피는 68p 참조)

쫀득쫀득하고 사르르 녹는 **카스텔라** (레시피는 100p 참조)

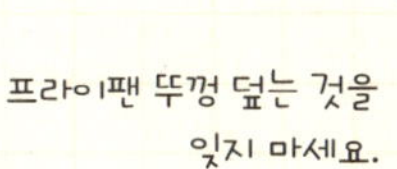

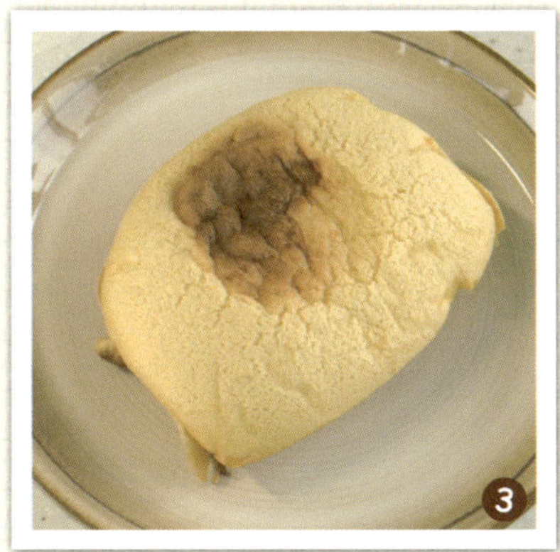

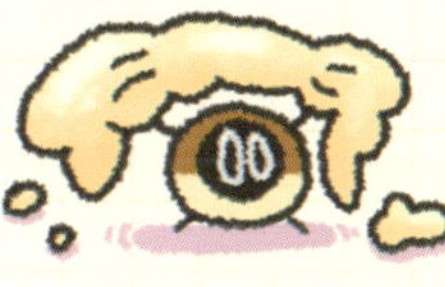
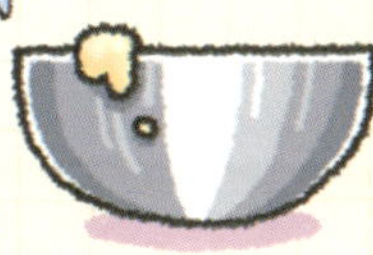

오독오독 고소한 **비스코티** (레시피는 48p 참조)

숟가락, 실리콘 주걱을
쓰는 게 좋아요.

전자레인지 역시 출력에 따라 다르니까
일단 2~3분 돌리고 상태를 봐가면서 가감하세요.

저희가 사용한 전자레인지는
700W였어요.

샌드위치용 식빵보다는 두께 3~4cm로
두툼하게 자른 식빵이 좋아요.

둘 다 만들어봤는데
두툼한 식빵의 완승!

계란물에서부터
맛있는 냄새가 솔솔 나요.

24시간 지난 후 냉장고에서
꺼냈는데 식빵은 계란물을 흡수한
채로 모양을 유지하고 있었어요!

안쪽까지 달콤한 계란물이
스며들어 정말 부드럽고
촉촉해서 푸딩 같아요.
꼭 한 번 만들어보세요.

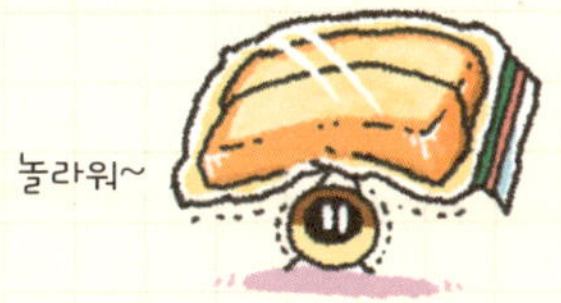

놀라워~

누가 해도 맛있는
노오븐 초간단 베이킹

간식을 부탁해

| 초판 1쇄 펴냄 | 2015년 6월 1일 |
| 초판 2쇄 펴냄 | 2016년 7월 20일 |

지은이	보쿠
옮긴이	안은정
펴낸이	정용수
펴낸곳	도서출판 예문사

박지원이 편집장을, 김은혜가 책임편집을, 서은영이 표지와 내지 꾸밈을 맡다.

출판등록	1993. 2. 19. 제11-76호
주소	경기도 파주시 직지길 460(출판도시) 도서출판 예문사
대표전화	031-955-0550
대표팩스	031-955-0605
이메일	yms1993@chol.com
홈페이지	http://www.yeamoonsa.com
단행본 사업부 블로그	http://blog.naver.com/yeamoonsa3

| ISBN | 978-89-274-1398-1 13590 |

* 이 도서의 국립중앙도서관 출판예정도서목록(CIP)은 서지정보유통지원시스템 홈페이지
  (http://seoji.nl.go.kr)와 국가자료공동목록시스템(http://www.nl.go.kr/kolisnet)에서
  이용하실 수 있습니다. (CIP제어번호 : CIP2015013541)
* 책값은 뒤표지에 있습니다. 잘못된 책은 구입하신 곳에서 바꿔드립니다.